目录

U0155755

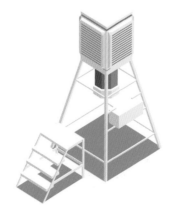

河南省科学技术协会科普出版资助·科普中原书系

思维导图说气象 天气的秘密

王建忠 牛延秋 文
杨 芳 王 皓 图

海燕出版社
·郑州·

季节

　　季节是一年中按气候、农事等划分的某个有特点的时期。

　　在不同地区，其季节的划分也是不同的。对于我国传统而言，一年分为"春夏秋冬"四季。一年四季，冷暖交替，每个季节都有不同的气候特点和景观，给人们带来不一样的感受。春天绿草如茵，鲜花开放；夏天植物繁茂，郁郁葱葱；秋天作物成熟，果实累累；冬天植物枯萎，凋零殆尽。四季的轮换，反映了自然界气候和物候等多方面的变化规律。

　　在我国南方地区（低纬地区），多雨、光照充足，季节转换时降水量、光照等变化明显；而北方地区（中纬地区）少雨，季节转换时变化明显的是气温。

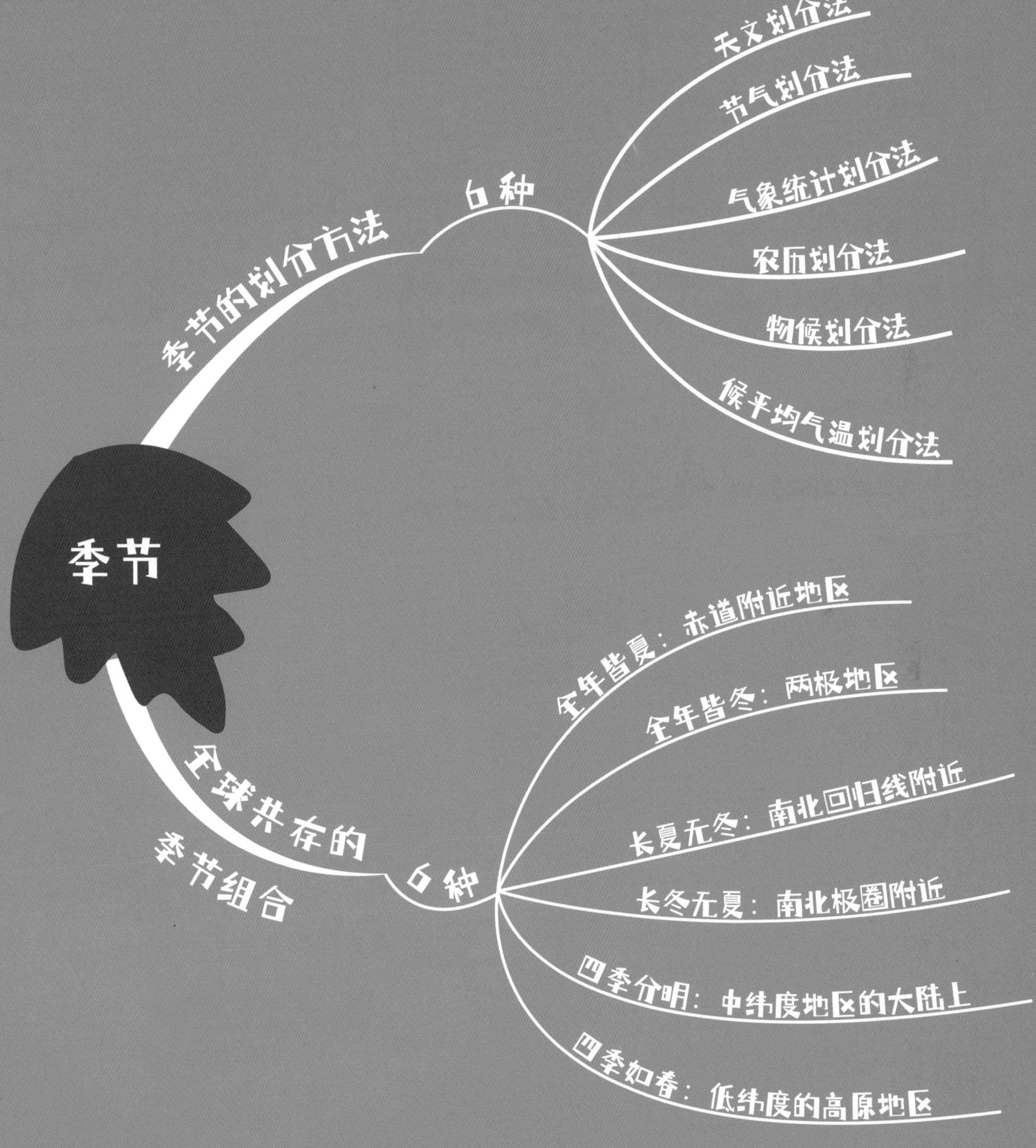

季节

季节的划分方法 — 6种

- 天文划分法
- 节气划分法
- 气象统计划分法
- 农历划分法
- 物候划分法
- 候平均气温划分法

全球共存的季节组合 — 6种

- 全年皆夏：赤道附近地区
- 全年皆冬：两极地区
- 长夏无冬：南北回归线附近
- 长冬无夏：南北极圈附近
- 四季分明：中纬度地区的大陆上
- 四季如春：低纬度的高原地区

3

季节是怎样形成的？

地球的自转轴与其绕太阳公转的轨道平面不垂直，偏离的角度是 23°26′（黄赤交角）。正是因为这个倾角的存在，才会使太阳在地球表面的直射点在南、北回归线之间移动，而其他地方太阳辐射角度偏小，且越接近南北极点角度越小。太阳辐射角度的变化导致了地面上不同纬度获得热量的差异，从而形成了四季——春季、夏季、秋季、冬季。

在不同的季节，南北半球所受到的太阳光照不相等，且呈周期性变换。日照更多的半球是夏季，另一半是冬季，春季和秋季则为过渡季节。当太阳直射点接近赤道时，两个半球的日照情况相当，但是季节发展的趋势却是相反——当南半球是秋季时，北半球是春季。

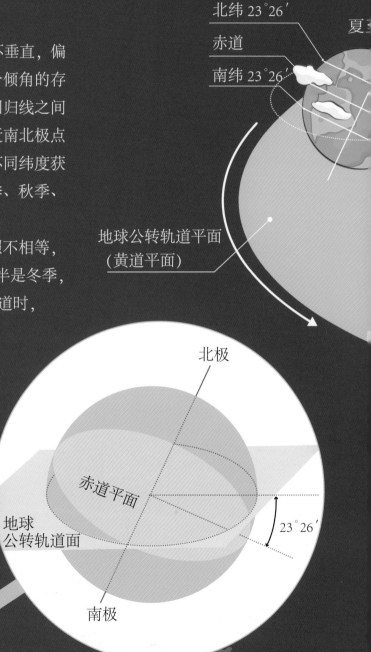

北纬 23°26′
赤道
南纬 23°26′
夏至

地球公转轨道平面
（黄道平面）

北极

赤道平面

地球
公转轨道面

23°26′

南极

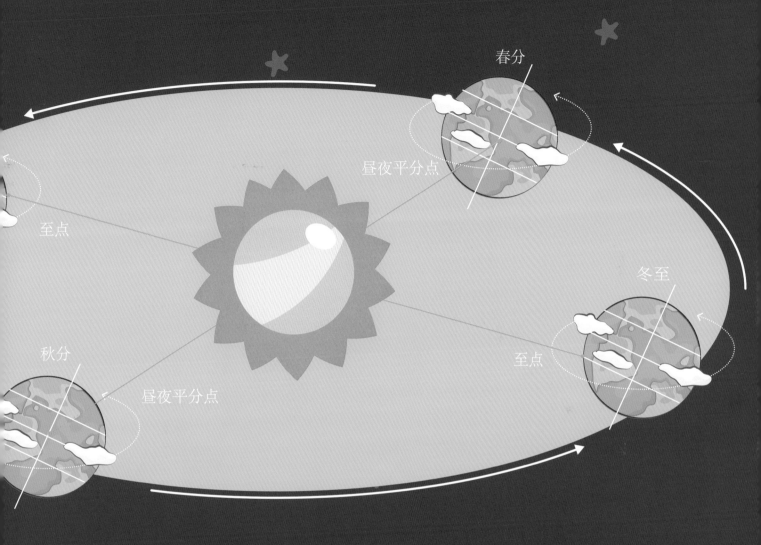

春分

昼夜平分点

至点

秋分

昼夜平分点

冬至

至点

　　从春分到夏至，太阳直射点不断向北移动，所以身处北半球的我们会感觉越来越暖和；从秋分到冬至，太阳直射点不断向南移动，所以我们会感觉越来越冷。

季节的划分

季节的划分有不同的标准。

对季节的划分通常有天文、节气、气象统计、农历、物候、候平均气温等方法。

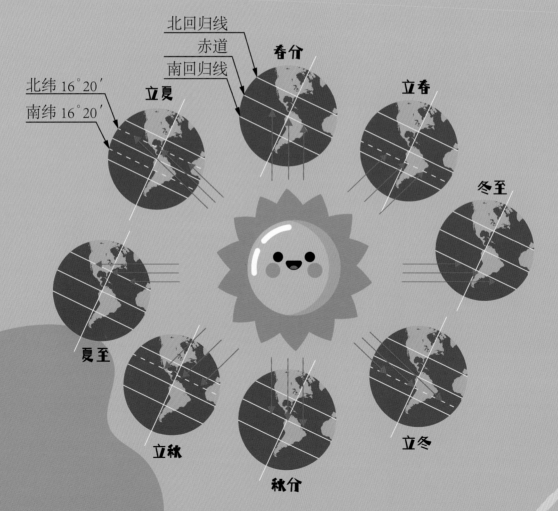

1. 天文划分法

从天文现象看，四季变化就是昼夜长短和太阳高度的季节变化。在一年中，白昼最长、太阳高度最高的季节就是夏季，白昼最短、太阳高度最低的季节就是冬季，冬、夏两季的过渡季节就是春、秋两季。为此，天文划分四季法，就是以春分 (3 月 20 日、21 日或 22 日)、夏至 (6 月 21 日或 22 日)、秋分 (9 月 22 日、23 日或 24 日)、冬至 (12 月 21 日、22 日或 23 日) 作为四季的开始。即：春分到夏至为春季，夏至到秋分为夏季，秋分到冬至为秋季，冬至到春分为冬季。

2. 节气划分法

立春 (2 月 3 日、4 日或 5 日) 定为春季的开始，立夏 (5 月 5 日、6 日或 7 日) 定为夏季的开始，立秋 (8 月 7 日、8 日或 9 日) 定为秋季的开始，立冬 (11 月 7 日或 8 日) 定为冬季的开始。

3. 气象统计划分法

气象统计法划分四季，四个季节是以温度来区分的。在北半球，一般来说每年的 3 ～ 5 月为春季，6 ～ 8 月为夏季，9 ～ 11 月为秋季，12 ～ 2 月为冬季。在南半球，各个季节的时间刚好与北半球相反：南半球是夏季时，北半球正是冬季；南半球是冬季时，北半球是夏季。在各个季节之间并没有明显的界限，季节的转换是逐渐的。

4. 农历划分法

我国民间习惯上用农历来划分四季，正月至三月是春季，四月到六月是夏季，七月到九月是秋季，十月到十二月是冬季。

5. 物候划分法

物候现象是大自然的语言，可采用当地某种植物在何时展叶或开花作为季节始末的指标植物。如在广州，以马尾松花芽膨大为春季的开始，以苦楝开花始期为夏季的开始，以野菊花开花始期为秋季的开始。

上述几种划分方法虽然简单方便，但有一个共同的缺点，就是我国各地都在同一天进入同一个季节，这与我国各地区的实际情况是有很大差别的。

例如，按照上述划分方法，3月份已属春季，这时长江以南地区的确是桃红柳绿，春意正浓；而黑龙江的北部却是寒风凛冽，冰天雪地，毫无春意；海南岛的人们则已穿单衣过夏天了。

为使季节划分能与各地的自然景象和人们的生活节奏相吻合，气象部门采取了"候平均气温"法来划分四季。

6. 候平均气温划分法

　　我国古代将 5 天称为一候，用候平均温度来划分四季是比较科学的。当候平均气温 (连续 5 天日平均气温的加权平均值) 从 10℃以下稳定升到 10℃以上作为春季的开始；稳定升到 22℃以上作为夏季的开始；从 22℃以上稳定降到 22℃以下作为秋季的开始；稳定降到 10℃以下作为冬季的开始。候不是固定的 5 天，而是采用 5 天滑动平均值，即以当天及前 4 天为一组计算平均值。

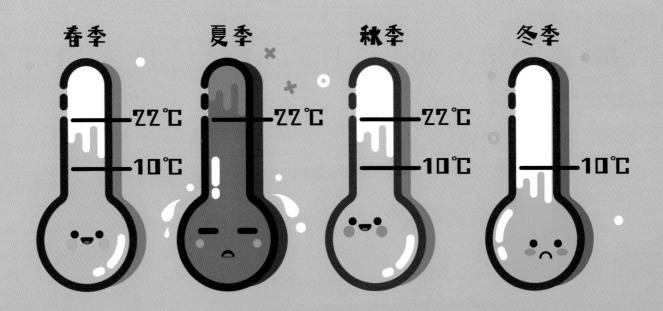

什么是滑动平均气温?

五月

入夏
↓

1	2	3	4	5	6	7
4月27日~5月1日平均气温21℃	4月28日~5月2日平均气温18℃	4月29日~5月3日平均气温19℃	4月30日~5月4日平均气温20℃	5月1~5日平均气温23℃	5月2~6日平均气温24℃	5月3~7日平均气温23℃

8	9	10	11	12	13	14
5月4~8日平均气温25℃	5月5~9日平均气温26℃					

举个例子:

　　某地5月1~5日平均气温23℃,2~6日平均气温24℃,3~7日平均气温23℃,4~8日平均气温25℃,5~9日平均气温26℃。5天的滑动平均气温均高于22℃,那么5月1~5日首个候平均气温高于22℃的那天就是气象意义上的入夏。

全球共存的季节组合

全球有 6 种季节组合，分别是中纬度地区大陆上的四季分明，低纬度高原地区的四季如春，赤道附近地区的全年皆夏，南北回归线附近的长夏无冬，南北极圈附近的长冬无夏，两极地区的全年皆冬。

四季分明
分布在中纬度地区的大陆上

四季如春
分布在低纬度的高原地区

全年皆夏
分布在赤道附近地区

长夏无冬
分布在南北回归线附近

长冬无夏
分布在南北极圈附近

全年皆冬
分布在两极地区

图例
洲界
国界 未定
地区界
军事分界线
1:250 000 000

审图号: GS(2016)2956号
自然资源部 监制

11

自制温度计实验

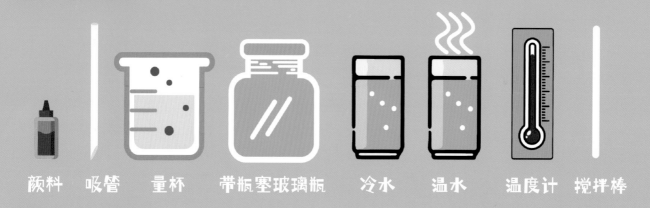

颜料　吸管　量杯　带瓶塞玻璃瓶　冷水　温水　温度计　搅拌棒

实验步骤

1. 将少量冷水倒入量杯中，加入颜料搅拌均匀。

2. 将加有颜料的水倒入小玻璃瓶中至 2/3 处，盖上瓶塞。

3. 插入吸管，自制温度计就做好了。

4. 将温水倒入小杯中，放入自制温度计，观察吸管内水柱的变化情况。

5. 将冷水倒入小杯中，放入自制温度计，观察吸管内水柱的变化情况。

注意事项

1. 自制温度计探头（吸管）插入量杯时，不得贴靠量杯的杯底和杯壁。

2. 自制温度计浸入玻璃瓶里的液体后，要等到示数稳定后再读数。

3. 读数时视线要与温度计液面相平。

知识点

同学们，你们观察到了什么现象？

＿＿＿＿＿＿＿＿＿＿＿＿＿＿＿＿＿＿＿＿＿＿＿

＿＿＿＿＿＿＿＿＿＿＿＿＿＿＿＿＿＿＿＿＿＿＿

＿＿＿＿＿＿＿＿＿＿＿＿＿＿＿＿＿＿＿＿＿＿＿

＿＿＿＿＿＿＿＿＿＿＿＿＿＿＿＿＿＿＿＿＿＿＿

＿＿＿＿＿＿＿＿＿＿＿＿＿＿＿＿＿＿＿＿

＿＿＿＿＿＿＿＿＿＿＿＿＿＿＿

当自制温度计放到温水中时，水柱上升了，这是液体的热胀冷缩造成的，这就是液体温度计的工作原理。

大气奥秘

天气的每一个小小变化，都与我们的生活息息相关。尤其近年来，全球气候变暖不仅改变了生态环境，还导致极端天气频发。我们遇见的坏天气越来越多，如特大暴雨、高温、寒潮、大风等。

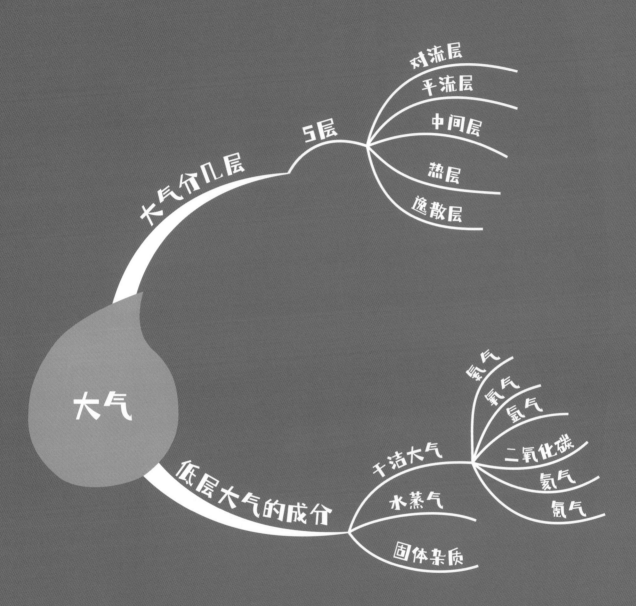

大气

大气分几层 —— 5层 —— 对流层
平流层
中间层
热层
逸散层

低层大气的成分 —— 干洁大气 —— 氮气
氧气
氩气
二氧化碳
氦气
氖气
水蒸气
固体杂质

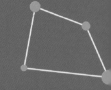

什么是大气?

　　大气是指包围在地球表面并随地球旋转的空气层。在地球引力的作用下,大量气体聚集在地球周围,形成厚厚的大气层。大气层随着高度的增加,越往上空气越稀薄。大气的各种现象及其变化过程可带来雨泽和温暖造福人类,也可造成旱涝风雹等灾害,直接影响人类的生产和安全。人类在生产和生活的过程中,也不断地影响着自然环境(包括大气)。如何认识大气中的各种现象,如何及时而又准确地预报未来的天气,并对不利的天气、气候条件进行人工调节和防御,是人类自古以来一直不断探索的问题。

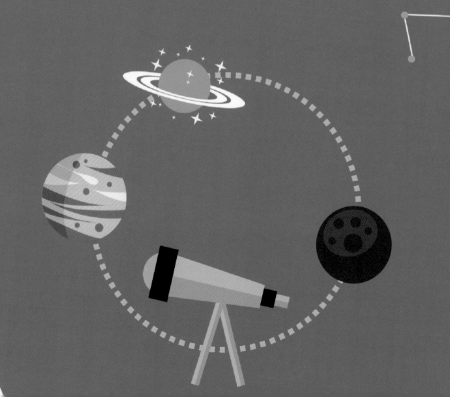

什么是气象？

用通俗的话来说，它是指发生在大气中的风、云、雨、雪、霜、露、虹、晕、闪电、打雷等一切大气的物理现象。

什么是天气？

天气是指短时间（几分钟到几天）发生在大气中的现象，如雷雨、冰雹、台风、寒潮、大风以及阴晴、冷暖、干湿等。因为看得见，也能感受到，因此，人们对天气的认识可能更感性一些。

什么是气候？

气候是指长时期内（月、季、年甚至数年、数十年或更长时间）气象要素（如温度、降水、风、日照等）以及天气过程的统计状况，主要反映一个地区的冷、暖、干、湿等基本特征。

大气的成分

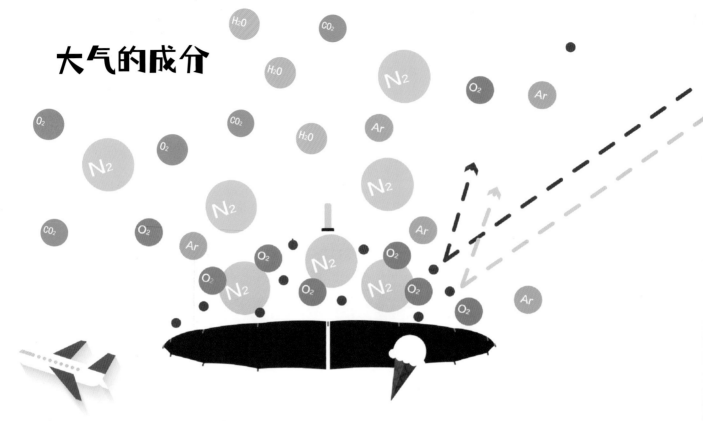

　　地球表面被一层无色透明的气体包裹着，这就是大气。地球上所有的生物都生活在大气中，大气与我们息息相关。

　　大气是由多种气体组成的混合体，并含有水汽和部分杂质。低层大气由干洁空气、水汽和固体杂质组成。

　　干洁大气是指除去水汽和固体杂质之外的整个混合气体，主要成分是氮气、氧气、氩气、二氧化碳及少量的氦气、氖气等微量气体。在大气中，氧气约占 21%，氮气约占 78%。

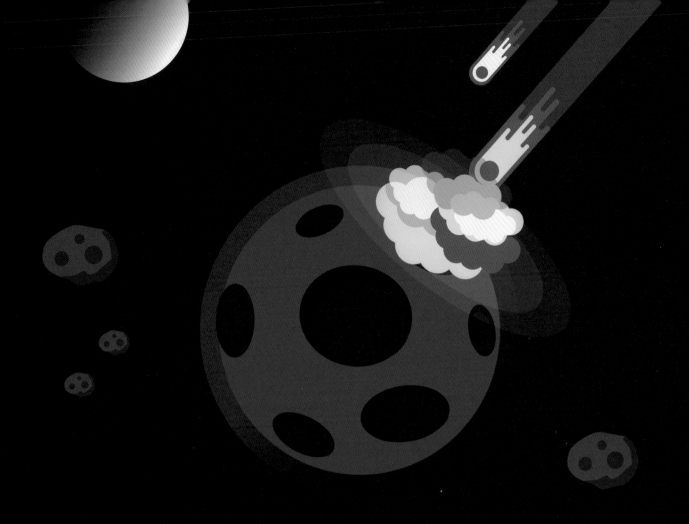

大气的作用

　　大气是维持地球上生物生命所必需的，而且参与地球表面的各种过程，它阻止了氧气的泄漏，将流星陨石阻挡在大气外或将它们烧毁在大气层中。大气为地球生命的繁衍、人类的发展提供了理想的环境。

　　如果大气层消失，地球的水分将会一夜之间化为乌有，生命枯竭，地球就会跟月球、火星一样，只剩下岩石。

大气有几层?

第三层
中间层

进入大气层的流星体大部分在中间层燃尽。这层气温随高度的升高迅速下降。

25 千米
臭氧层

第二层

平流层

平流层大气主要以平流运动为主，晴朗无云，有利于高空飞行，飞机一般在这一层飞行。在 20 ~ 30 千米高处，存在臭氧层，吸收来自太阳的紫外线，像一道屏障保护着地球上的生物免受太阳高能粒子的袭击，使平流层气温随高度的升高而上升。

12 千米

50 千米

第一层

对流层

对流层是地球大气层靠近地面的一层，它同时是地球大气层里密度最高的一层，它蕴含了整个大气层约 80% 的质量，几乎所有的水汽都集中于此。我们常见的风、霜、雨、雪、云、雾、冰雹等变化多端的天气现象都发生在这一层。该层中的温度随高度的升高逐渐降低，平均每升高 1000 米，气温约降低 6.5 ℃。

第四层

热层

　　热层大气处于高度电离状态，能够反射无线电短波，对无线电通信有重要作用，同时，极光也发生在该层。热层大气非常稀薄，但温度却极高，且随高度增高而迅速升高。

第五层

逸散层

　　逸散层是大气层的最外层，温度极高，但气温随高度增加很少变化；空气极为稀薄，受地心引力极小，气体和微粒可以脱离地球引力逃逸到宇宙空间去。逸散层可以看作是地球大气与星际空间的过渡地带。

500千米

21

天气现象

天气现象是指在大气中出现的许多可以观测到的物理现象。人们常见的风、雨、雪、冰雹、雾、露、闪电等属于天气现象，可将它们分为降水现象、地面凝结和冻结现象、视程障碍现象、雷电现象和其他天气现象等，这些现象都是在一定的天气条件下产生的。

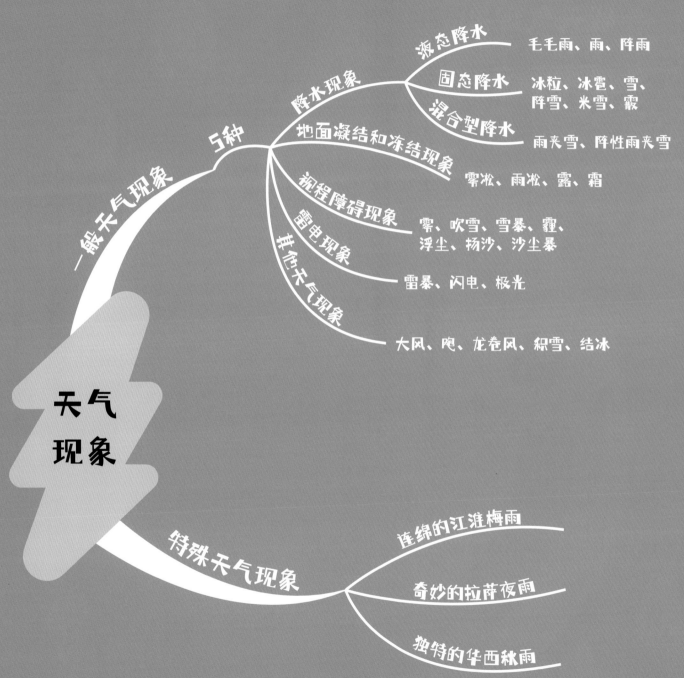

天气现象

一般天气现象 —— 5种

降水现象
- 液态降水 —— 毛毛雨、雨、阵雨
- 固态降水 —— 冰粒、冰雹、雪、阵雪、米雪、霰
- 混合型降水 —— 雨夹雪、阵性雨夹雪

地面凝结和冻结现象 —— 雾凇、雨凇、露、霜

视程障碍现象 —— 雾、吹雪、雪暴、霾、浮尘、扬沙、沙尘暴

雷电现象 —— 雷暴、闪电、极光

其他天气现象 —— 大风、飑、龙卷风、积雪、结冰

特殊天气现象
- 连绵的江淮梅雨
- 奇妙的拉萨夜雨
- 独特的华西秋雨

一般天气现象

根据降水物的形式不同，降水现象共分 11 种。

液态降水

毛毛雨：稠密、细小而十分均匀的液态降水，下降情况不易分辨，看上去似乎随空气微弱的运动飘浮在空中，迎面有潮湿感，落在水面无波纹。

雨：滴状的液态降水，雨滴下降时清楚可见，强度变化较缓慢。

降雨：开始和停止都较突然、强度变化大的液态降水，有时伴有雷暴。

固态降水

冰粒：由直径小于 5 毫米的透明的丸状或不规则的粒子组成，较硬，落到硬地面上反跳。

冰雹：坚硬的球、锥状或不规则的固态降水，雹核一般不透明，外面包有透明的冰层，或由透明冰层与不透明冰层相间组成，大小差异大，常伴随雷暴出现。

雪：空气中降落的白色结晶，多为六角形，是气温降低到摄氏零度以下时，空气中的水蒸气凝结而成。

阵雪：降雪时间比较短暂（一阵）、开始与终止时间比较突然的降雪。

米雪：由直径小于 1 毫米的白色不透明的扁长形冰粒组成，落到硬地面上不反跳。

霰（xiàn）：白色不透明的圆锥形或球形的颗粒固态降水，直径 2~5 毫米，下降时呈阵性，着硬地常反跳，松脆易碎。

混合型降水

雨夹雪：半融化的雪（湿雪），或雨滴和湿雪同时降落到地面的降水现象。

阵性雨夹雪：开始和停止比较突然、强度变化大的雨夹雪。

地面凝结和冻结现象

雾凇

空气中过于饱和的水汽直接凝华，或过冷雾滴直接冻结在物体上的乳白色冰晶物，常呈毛茸茸的针状或表面起伏不平的粒状，多附在细长的物体或物体的迎风面上，有时结构较为松脆，受震易塌落，也称树挂。

雨凇

雨落在 0℃ 以下的地表或地面物体上，或过冷的水滴和物体（电线、树枝、飞机翼面等）互相接触而形成的冰层，也称冰挂。

霜

水汽在地面和近地面物体上凝华而成的白色松脆的冰晶；或由露冻结而成的冰珠，易在晴朗风小的夜间生成。

露

水汽在地面和近地面物体上凝结而成的水珠。

27

视程障碍现象

雾

在近地面的空气中，水蒸气凝结成大量微小的水滴，悬浮在空中，常呈乳白色，根据程度不同，水平能见度为50 ～ 1000 米。

吹雪

由于强风将地面积雪吹起来，使水平能见度小于 10 千米的天气现象。

雪暴

雪暴是伴有强降雪的风暴大量的雪被强风卷着随风运行，并且不能判定当时天空是否有降雪，水平能见度一般小于 1000 米的天气现象。

霾

是指悬浮在大气中的大量微小尘粒、烟粒或盐粒的集合体，使空气混浊，水平能见度降低到 10 千米以下的现象。霾呈黄色、橙灰色等，我们能闻到有点刺鼻的味道，感到呼吸不适。

浮尘

大量细小沙尘飘浮在空中，使水平能见度小于 10 千米的天气现象。浮尘多为远处尘沙经上层气流传播而来，或为沙尘暴、扬沙出现后尚未下沉的细小颗粒浮游空中而成。

扬沙

由于风大将地面尘沙吹起，使空气相当混浊，水平能见度大于等于 1000 米、小于 10 千米的天气现象。

沙尘暴

由于强风将地面大量尘沙吹起，使空气相当混浊，水平能见度小于 1000 米的灾害性天气现象。根据能见度的大小，沙尘暴的强度还可分为沙尘暴、强沙尘暴、特强沙尘暴三个等级。

雷电现象

雷暴

伴有雷击和闪电的局地对流性天气，在积雨云中、云间或云地之间产生的放电现象，表现为闪电兼有雷声，有时也可能只听见雷声看不见闪电。

闪电

在积雨云中、云间或云地之间发生放电时伴随的电光。根据形状，闪电可分为线状闪电、带状闪电、球状闪电等。闪电是一种放电现象。

极光

极光是太阳带电粒子流（太阳风）进入地球磁场，使高层大气分子或原子激发（或电离）而产生的。在高纬度地区（中纬度地区也可偶见）晴夜见到的一种在大气高层辉煌闪烁的彩色光弧或光幕，亮度一般像满月时夜间的云就是极光。

其他天气现象

大风

瞬时风速达到或超过 17.2 米/秒（即风力达到或超过 8 级）的风。

飑（biāo）

突然发作的强风，持续时间短促。出现时瞬时风速突增，风向突变，气象要素随之也有剧烈变化，常伴有雷雨或冰雹。

龙卷风

龙卷风是一种小范围的强烈旋风，常发生于夏季，尤以下午至傍晚最为多见，影响范围虽小，但破坏力极大。龙卷风产生的强烈旋风，其风力可达 12 级风以上。旋风过境时，对树木、建筑物、船舶等均可造成严重破坏。

积雪

雪（包括霰、米雪、冰粒）覆盖地面达到该地四周能见面积的一半以上。

结冰

指露天水面（包括蒸发器的水）冻结成冰。

特殊天气现象

连绵的江淮梅雨

每年初夏，正值江淮梅子成熟、梅林飘香的季节，我国长江中下游地区的天空却阴沉得像一块灰色的幕帐，阴雨连绵，数日不见太阳，这就是人们常说的江淮梅雨。梅雨是东南亚地区特有的天气现象。每年初夏，来自西伯利亚和蒙古一带的干冷气团与来自海洋上的暖湿气团在这一区域相遇，冷暖气团势均力敌，形成持久的梅雨天气，阴雨连绵造成暴雨频繁或洪水泛滥。

西伯利亚
蒙古
干冷气团

海洋
暖湿气团

奇妙的拉萨夜雨

每年7~8月，西藏拉萨白天晴空万里，骄阳似火，到了傍晚，天空的云就慢慢多起来，云层变厚、云底降低，继而乌云密布、雷鸣电闪、雨声沥沥。黎明之前，夜雨常常最大，但天一亮就渐渐停息，云也很快消散。这种典型的夜雨，不仅发生在拉萨河谷，也发生在年楚河谷中的日喀则、西昌盆地中的西昌、元江河谷中的河口等地。

拉萨多雨的主要原因和太阳直接辐射有关，也与大气环流形势有一定关联。

夏季，拉萨白天气温较高，晚上气温较低，日夜温差较大。加之，拉萨城镇又大都建在靠近水源的河流低谷处，容易形成热力环流，白天盛行下沉气流，不易形成降水，而夜晚由于谷底气温较高，盛行上升气流，容易形成对流雨。同时，高原加热的直接热力环流也进一步增强了夜雨的发生。

33

独特的华西秋雨

秋天，当我国大部分地区处于秋高气爽的时节，西南地区却正下着绵绵秋雨，称为"华西秋雨"。它一般降水量不大，但持续时间较长，能一连数日甚至数十日，有的年份甚至阴雨连绵，持续时间长达一月之久。华西秋雨主要出现在四川、贵州、云南、甘肃东部、陕西关中和陕南及湖南西部、湖北西部一带，尤以四川盆地最为常见。

四川雅安素有"雨城"之称，1962年仅10月一个月就下了29天雨，1975年9月26日至11月22日出现过持续58天的特长秋雨。

雅安

图例
★ 北京 首都
◎ 天津 省级行政中心
—— 国界
省、自治区、直辖市界
1:48 000 000
审图号：GS(2019)1823号
自然资源部 监制

常见天气符号

晴　　多云　　阴天

小雨　　中雨　　大雨　　暴雨　　阵雨　　雷阵雨　　雷电　　冰雹

雨夹雪　　小雪　　中雪　　大雪　　暴雪　　冻雨　　霜冻　　轻雾　　雾

4级风　　5级风　　6级风　　7级风　　8级风　　9级风　　10级风　　台风

浮尘　　扬沙　　沙尘暴　　强沙尘暴和
　　　　　　　　　　　　　特强沙尘暴

冷空气前锋

暖空气前锋

水的形态变化实验

实验器材

不锈钢杯子　勺子　　　冰块　　水　　　盐　　湿毛巾　　液体温度计

实验步骤

1. 将不锈钢杯子放在湿毛巾上，加入适量磨碎的冰块。
2. 用勺子挖一些盐撒在冰块上，观察冰块发生的变化。
3. 将少量水倒入不锈钢杯子中，不断搅拌，让冰融化得更快些。
4. 将液体温度计插入杯中，持续读取并记录显示的温度值。
5. 观察杯壁上发生的变化。

注意事项

1. 使用冰块时要小心，不要冻伤手。
2. 想要观察到小冰晶，需要持续加冰，让杯子温度维持在 0℃ 以下。

观察记录卡

	1分钟	3分钟	5分钟	10分钟
冰块的状态				
杯内的温度（℃）				
杯壁上的现象				

提问

你观察到了什么现象？

根据观测我们可以发现，随着冰块的慢慢融化，杯子内的温度持续降低。渐渐地，杯子的外壁上出现了一层薄薄的细小水珠。

这层小水珠是怎么形成的？

湿毛巾 ➡️ 水汽
➕ ➡️ 水滴/冰晶
冰块 ➡️ 低温

水总共有多少种形态？在什么条件下它会发生形态转化？

水有液态、气态和固态三种形态。

在一定条件下，水会在三种形态之间进行转化。正常情况下，当温度降低时，气态的水蒸气会凝结成小水滴。当温度继续降低时，液态的水会冻结成冰。如果温度特别低，水蒸气会直接变成固态的冰。在实验中，杯子中融化的冰块降低了周围的温度，水蒸气遇冷凝结成小水滴，形成"露"。如果温度低于0℃，水蒸气就会结成小冰晶，形成"霜"。

气象观测

　　气象观测，是观察和测量地球大气的物理和化学特性以及大气现象的方法。从学科上分，气象观测属于大气科学的一个分支，包括地面气象观测、高空气象观测、大气遥感探测和气象卫星探测等，有时统称为大气探测。

　　大气中发生的各种现象，自古以来就为人们所注意，但在 16 世纪以前人们主要是凭目力观测，除雨量测定外，其他天气现象的定量观测，则是 17 世纪以后的事。

　　17 世纪，人们进行了第一次精确的气象测量。1643 年，意大利物理学家埃万杰利斯塔·托里拆利发明了气压计。通过测量发现天气会随着气压的变化而变化，气压下降预示着风雨即将来临，气压上升则预示着好天气即将来临。

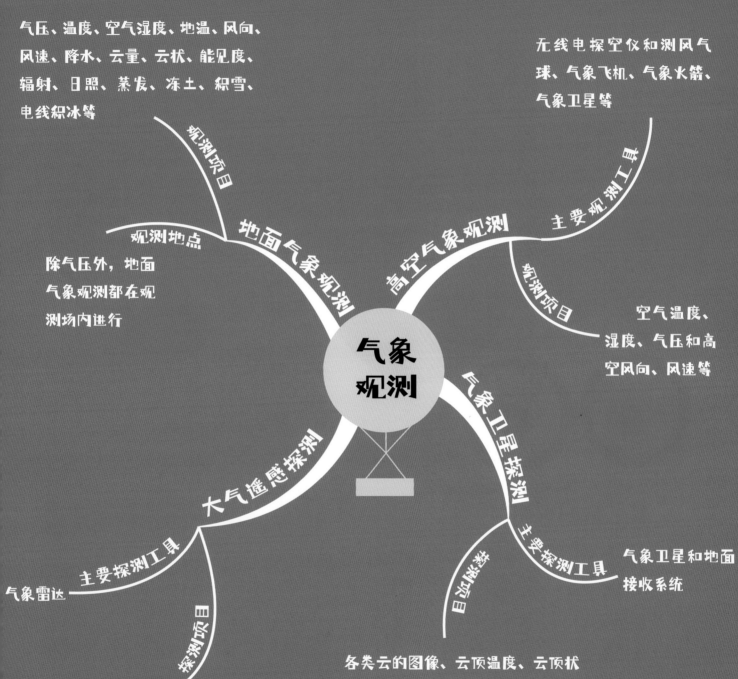

气压、温度、空气湿度、地温、风向、风速、降水、云量、云状、能见度、辐射、日照、蒸发、冻土、积雪、电线积冰等

观测项目

地面气象观测

观测地点

除气压外，地面气象观测都在观测场内进行

无线电探空仪和测风气球、气象飞机、气象火箭、气象卫星等

主要观测工具

高空气象观测

观测项目

空气温度、湿度、气压和高空风向、风速等

气象观测

大气遥感探测

主要探测工具

气象雷达

探测项目

降水、台风、风暴等

气象卫星探测

目测监控

主要探测工具

气象卫星和地面接收系统

各类云的图像、云顶温度、云顶状况，云量和云内凝结物相位的观测、陆地表面状况的观测以及海洋表面状况的观测

地面气象观测

地面气象观测方法是指在各种地面观测平台（气象站）上，凭肉眼或借助仪器工具观察天气现象和测量气象要素的方法，是一种常规的气象观测方法。气象站通过定时观测各气象要素，然后进行分析、统计，并形成天气图等，用于分析制作天气预报，最终播报给大家。气象要素主要包括气温、湿度、风、降水、气压、能见度、日照及各种天气现象等。

2020 年 4 月 1 日起，我国地面气象观测全面实现了自动化，观测频次、传输效率和数据量方面均有大幅提升，增强了我国气象观测"监测精密"的能力，更好地满足气象预报服务需求，为实现"预报精准、服务精细"要求提供了有力支撑。

能见度的观测

测量大气能见度一般可用目测的方法，也可以使用透射能见度仪、散射能见度仪等测量仪器测量。能见度是反映大气透明度的一个指标。

天气现象的观测

在地面气象观测中，各种天气现象通常由人工进行观测，并用统一的专用符号表示。

如降水现象、地面凝结和冻结现象、视程障碍现象、雷电现象，以及一些其他现象的观测。

降水的观测

气象站大都配有能自动记录降水量的自记雨量器，可以测量各个时段降水的强度。降水通过承水器，再通过一个过滤斗流入翻斗里，当翻斗流入一定量的降水后，翻斗翻转，倒空斗里的水，翻斗的另一个斗又开始接水，翻斗的每次翻转动作被转化、记录、传输到采集系统，我们就能得到降水量数值。

云的观测

常规气象观测要测定云状、云量和云高。

云状：主要指云的外形特征的不同形态。

云量：云量的多少，凭目测云块占据天空的面积来估计，天气预报中的晴、少云、多云和阴，就是根据云量的多少划分的。

云高：指云底距地面的垂直距离，通常用目力估计。随着科技的发展，现已使用激光测云仪测量云的高度。

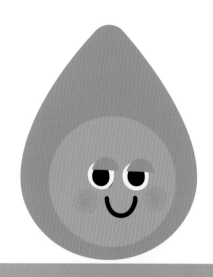

日照的观测

　　测定日照时数的仪器主要有暗筒式日照计。一个圆形暗筒上留有小孔，当阳光透过小孔射入筒内时，装在筒内涂有感光药剂的日照纸上便留下感光迹线，利用感光迹线可计算出日照时数，这是气象站常用的仪器。此外还有聚焦式日照计和光电日照计。

湿度的观测

　　测量空气湿度通常用干湿球温度表。干球温度表用来测量气温；湿球温度表的水银球用湿润纱布包裹着，纱布下端浸在水盂里（使湿球纱布始终保持湿润状态）。湿球纱布上的水在空气没有达到饱和时会不断蒸发，湿度大时蒸发慢，湿度小时蒸发快。湿度是 100% 时，空气中所含水汽已饱和，水分停止蒸发。水分蒸发是要消耗热量的，这样湿球温度表的读数就会减小。因此，除了空气湿度饱和，即相对湿度为 100%（此时湿球温度表的读数和干球温度表一样）以外，干球温度表的读数总比湿球温度表的读数要高。两者差值越大表示空气越干燥，相对湿度越低。因此，利用干湿球温度差可以知道空气相对湿度的高低。

气温的观测

气温观测项目有：定时气温，日最高、最低气温。

气象台站观测和记录的气温，是用放在百叶箱里的温度计测得的。

测定气温一般采用摄氏温标。

蒸发量的观测

测量水面蒸发的仪器常用的有小型蒸发器、大型蒸发器等。

小型蒸发器是口径为 20 厘米、高约为 10 厘米的金属圆盆，盆口成刀刃状。为防止鸟兽饮水，器口上部套一个向外张成喇叭状的金属丝网圈。测量时，将仪器放在架子上，器口离地 70 厘米，每日放入定量清水，隔 24 小时后，用量杯测量剩余水量，所减少的水量即为蒸发量。

大型蒸发器是一个器口面积为 0.3 平方米的圆柱形桶，桶底中心装一直管，直管上端装有测针座和水面指示针，桶体埋入地中，桶口略高于地面。每天 20 时观测，将测针插入测针座，读取水面高度，根据每天水位变化与降水量计算蒸发量。目前，蒸发量的观测已实现自动化。

地面气象观测站

地面气象观测站是气象观测站的主要形式，它是指通过人工和借助仪器，对近地面的大气状况及其变化，进行连续、系统地观察和测定的场所。

地面气象站主要观测什么？

地面气象站主要观测：气压、空气温度、空气湿度、地温、风向、风速、降水、云量、云状、能见度、辐射、日照、蒸发、冻土、积雪、电线积冰等。

地面气象站仪器的安装顺序

北半球气象观测站仪器的安装顺序是北高南低，依次是风向风速仪、温度计、湿度计、雨量器、日照仪和蒸发器等观测仪器。因为太阳从东方升起，经过南方，从西方落下，这样安装可以避免因太阳照射形成的影子影响数据的准确性。

日照仪

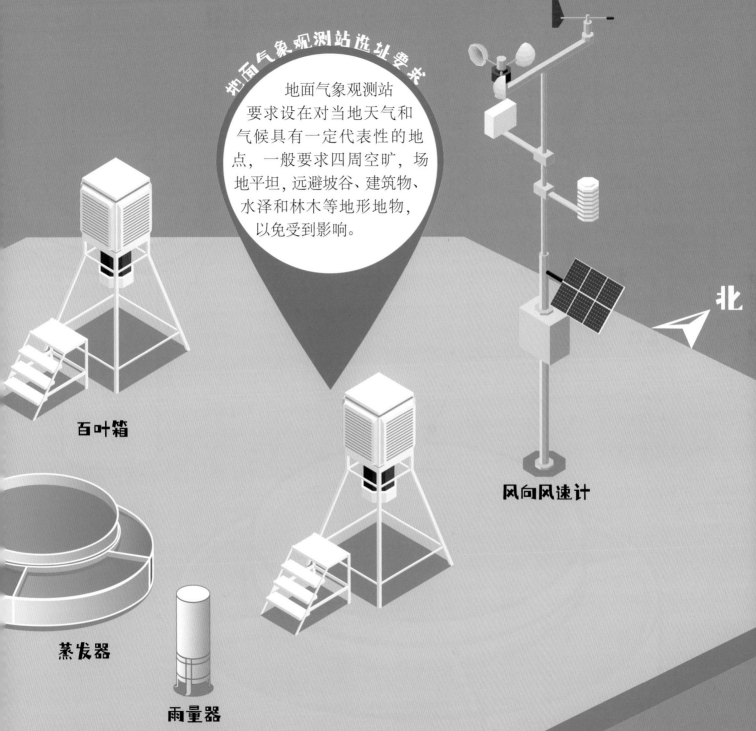

地面气象观测站选址要求

地面气象观测站要求设在对当地天气和气候具有一定代表性的地点,一般要求四周空旷,场地平坦,远避坡谷、建筑物、水泽和林木等地形地物,以免受到影响。

百叶箱

蒸发器

雨量器

风向风速计

北

45

地面气象观测仪

日照仪

测定某一地方在一
天中太阳所照射地面时
间长短的一种仪器。

蒸发器

测量水分蒸发的仪器。

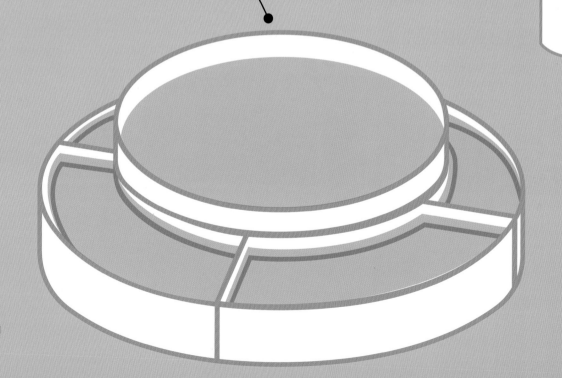

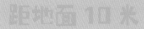

风向风速仪

风向风速仪主要由支杆、风标、风杯、感应器组成，风标的指向即为来风方向，根据风杯的转速计算出风速，所以也叫风杯式风向风速仪。

传感器由 3 个互成 120°并固定在支架上的抛物锥空杯组成感应部分，空杯的凹面都顺向一个方向，装在观测场内距地面 10 米高的测风杆或风塔上。

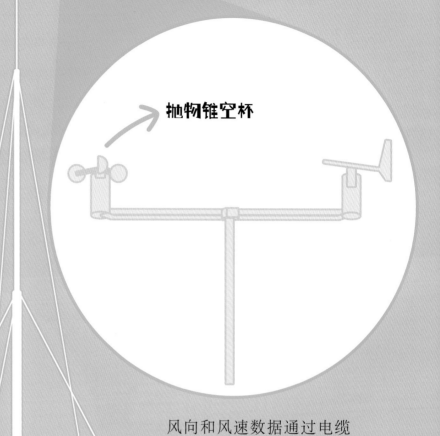

抛物锥空杯

风向和风速数据通过电缆传到自动站采集器里。

百叶箱

百叶箱是安置测定空气温度和温度仪器的箱体。测定空气温度和湿度的仪器是干湿球温度表，安置在百叶箱内。百叶箱的作用是防止太阳对仪器的直接辐射和地面对仪器的反射辐射，保护仪器免受强风、雨、雪等的影响，并使仪器感应部分有适当的通风，能真实地感应外界空气温度和湿度的变化。箱下支架固定在气象观测场上，箱门朝北，箱底离地面有一定高度。箱内干、湿球温度表球部距地面的高度为 1.5 米，最高、最低温度计略高于 1.5 米。

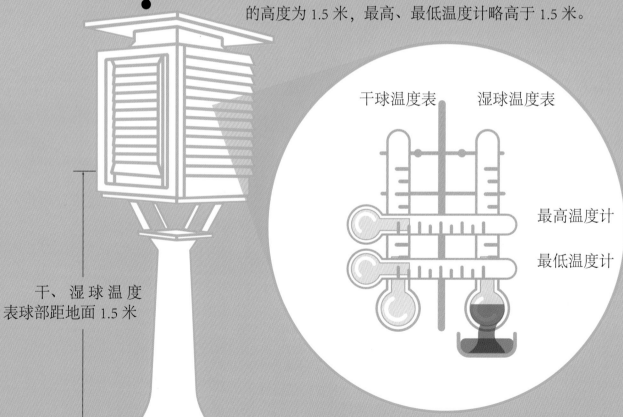

干、湿球温度表球部距地面 1.5 米

干球温度表　　湿球温度表

最高温度计

最低温度计

雨量器

雨量器是测量降水量的仪器。常见的雨量器由雨量筒和量雨杯组成。雨量筒外壳是金属圆筒，筒口直径为 20 厘米，分上下两节，上节作承雨用，其底部为一漏斗，为防止雨水溅失。下节筒内放一个储水瓶用来收集降水。量雨杯是有刻度的专用量杯，有 100 分度，每 1 分度等于雨量筒内水深 0.1 毫米。测量时，把储水瓶中的水倒进雨杯，就可以知道当日的降水量。

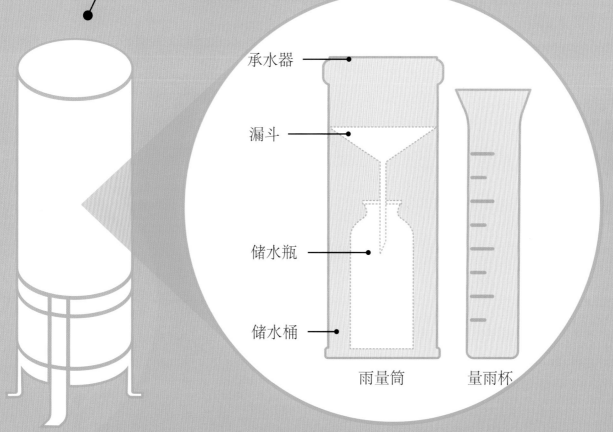

承水器

漏斗

储水瓶

储水桶

雨量筒　　　量雨杯

现代大气探测技术

随着科学技术的不断发展和进步，各种气象雷达探测、气象卫星探测以及地面微波辐射探测等能获得较多信息的大气探测方法，正在逐步进入常规大气探测的领域。这些现代大气探测技术应用于大气科学的研究领域，极大地丰富了大气探测的内容。

气象卫星

气象卫星是气象界最高端的探测工具，具有探测范围大、及时迅速、连续完整的特点，并能把云图等气象信息发给地面用户。气象卫星可以全天 24 小时不间断地提供图像资料，在森林防火、台风、暴雨、沙尘暴、大雾、干旱、洪涝、雪灾等的监测防御中，气象卫星起着非常大的作用。

气象卫星主要有极轨气象卫星和同步气象卫星。极轨气象卫星又称太阳同步轨道卫星，围绕地球南北极飞行，其轨道为地球上空 650 ～ 1500 千米，围绕地球南北两极运行，运行周期约 115 分钟，它的优点是可以对全球任何地点进行观测。我国的风云一号气象卫星即是极轨气象卫星。同步气象卫星又称为静止卫星，因为它永远在赤道上空而且绕地球的速度和地球自转的速度相同，从地球上看这种卫星一直都在同一位置，不像极轨气象卫星一直在变换位置。它的优点是对特定地区可进行连续观测。

可以说，气象卫星是世界上最高的气象探测站。

探空气球

探空气球是把无线电探空仪携带到高空进行气压、空气温度、湿度和风速的探测的气球。气球一般由天然橡胶或氯丁合成橡胶制成，有圆形、梨形等不同形状。球重 300 ～ 1600 克，充入适量的氢气或氦气，可升达离地面 30 ～ 40 千米。高空气象站使用的常规探测气球升速一般为 6 ～ 8 米 / 秒，上升到约 30 千米高空后自行爆裂。

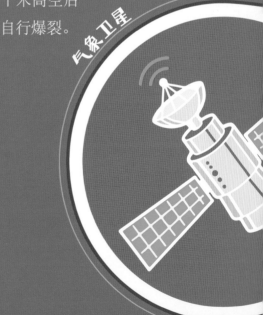

气象雷达

气象雷达是专门用于大气探测的雷达，通过向空间发射电磁波，再接收电磁波在传播过程中和大气发生各种相互作用后产生的雷达回波，从而了解大气的各种物理特性。

自动气象站

自动气象站是一组能自动观测、存储和发送气象观测数据的设备，它可以连续自动测量气压、降水、气温、湿度、风向、风速等气象要素，经扩充后还可测量其他要素。

自动气象站可以安装在气象站内，也可以安装在野外。采集到的数据会自动上传。

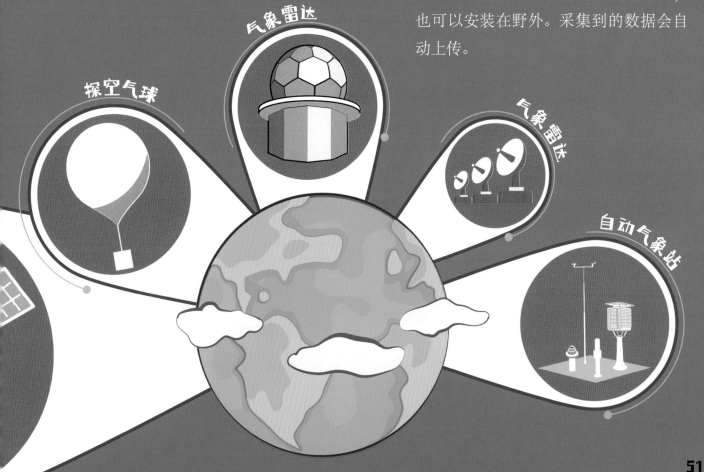

探空气球

气象雷达

气象雷达

自动气象站

天气预报

天气预报指应用大气变化的规律，根据当前及近期的天气形势，对某一地区未来一定时期内的天气状况进行预测，是气象工作者根据长期气象观测数据和理论而总结的大气变化规律，对实时气象探测资料、地形和季节特点进行综合分析而得出的结论。

天气预报制作过程

1. 气象资料（信息）的收集

每天同一时间，将世界各地观测到的气温、气压、湿度、风向、风速等气象信息，以及气象卫星、气象雷达和数值预报产品等资料集中到一起。

2. 制作天气图

把收集到的各地同一时次（间）的气象信息用不同符号填到一张图上，这种图就叫天气图，就好像给地球拍了 X 光片，反映出各地的天气情况。

4. 对外发布

将天气预报结论通过电视、广播、报纸、网络、手机短信等各种方式发布出去。

3. 预报员分析会商

预报员借助于数字化信息分析系统和平台，在分析实况资料（天气图、雷达和卫星资料等）、数值预报信息的基础上，进行集体研讨，即分析会商，形式像一场辩论会，各自发表意见，互相启发，达成一致，最后做出天气预报结论。

看云识天

云是悬浮在大气中的大量微小水滴、冰晶或两者混合的可见聚合体，有时也包含一些较大的雨滴和冰雪粒。云的底部不接触地面。

在大自然中，太阳光照在大地上，江河湖海里、陆地上、动植物体内的水就会吸收热量蒸发，变成看不见、摸不着的水蒸气。

水蒸气很轻，它们不断上升，到了温度很低的高空，就会和细小的烟粒、微尘结合在一起，形成"云滴"。这些烟尘、微粒被称为凝结核。许许多多的云滴聚集在一起，就会形成云。如果温度太低，水蒸气就会直接变成小冰晶。因此，有的云是小水滴组成的，有的云则是小水滴和小冰晶混合在一起组成的。

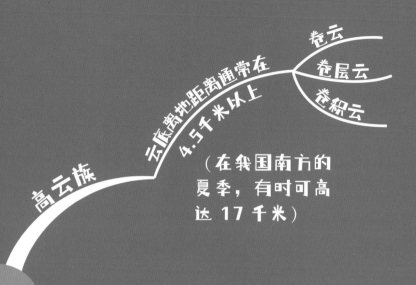

世界气象组织使用的
十云属分类

高云族
云底离地距离通常在 4.5千米以上
（在我国南方的夏季，有时可高达 17千米）
卷云
卷层云
卷积云

中云族
云底离地距离通常在 2.5~4.5千米
（在我国南方的夏季，有时可高达 8千米）
高层云
高积云

低云族
云底离地距离通常低于2.5千米
（个别地区可高达 3.5千米）
积云
积雨云
层积云
层云
雨层云

云的示意图

卷织云

卷层云

高积云

高层云

层积云

雨层云

层云

卷云

4.5 千米以上

2.5～4.5 千米

低于 2.5 千米

积云

积雨云

带你识别云属

开始

看到闪电或听到雷声了吗？

没看到 →

看到了 ↓

有一个个清晰可见的鼓包或圆顶吗？

无 →

有没有相同一致、连续或间断、不带云卷或云块的云层？

无 →

有色细丝长丝吗？

是 ↑

卷云

钩状、羽状、带状或碎片状，带柔滑微光。

有 ↓

云的上端三分之一的轮廓模糊不清吗？

积雨云

有巨大的云塔，有时伴有砧状云。可能有雷暴。

是 ←

否 ↓

有 →

太阳或月亮看起来像一个光盘吗？

是 ↓

积云

云朵相互分离、蓬松，轮廓明显。

卷层云

透明乳白色或纤维状云纱；有暗影，产生晕。

卷积云
位于高层的轻薄、纯白谷物状或涟漪状云区。

高积云
白或灰色云片（堡状、豆荚状或棉球状）、云层或带波浪或云卷的结构层。

层积云
灰色或白色云区、云卷或云束，带圆边，位于低层；云块排列有规律。

无 ← 每个云块都小于 1 指（手臂伸展）吗？ → 是

否 每个圆形云块都有 1～3 指大小吗？ → 否 / 是

有没有灰色或浅蓝色至深灰色云层在不断上升？ — 无 — 有没有密集、广延、较低的云层呈发散或"潮湿"状出现？ — 无

有 ↓

有 ↓

高层云
平滑、广延的云层；无暗影，即使抬头看太阳，看起来只是一个模糊的圆点。

雨层云
灰暗带降雨的云或明亮带降雪的云。通常伴有持续降雨、降雪或冰粒。

层云
底层呈灰白色，有时伴有小雨或雪粒。若可见太阳或月亮，其轮廓清晰。可能呈块状出现。

人工造云实验

水蒸气是看不见也摸不着的,云也高高地挂在天上,我们怎样才可以感受到云的形成过程呢?接下来,我们要做一个小小的实验,用自己的双手来"造"一朵云。

实验器材

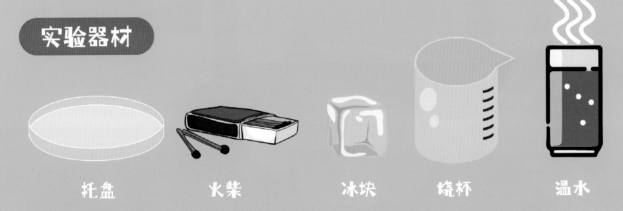

托盘　　　火柴　　　冰块　　　烧杯　　　温水

实验步骤

1. 在烧杯中注入约 1/3 的温水。

2. 在托盘上放满冰块备用。

3. 点燃一根火柴,扔进盛有温水的烧杯中,迅速将带冰块的托盘盖在烧杯上,如下图,开始计时。

4. 约 45 秒后,移开托盘,将观察到的现象记录下来。

注意事项

1. 要在大人的协助下使用火柴。

2. 放置盛满冰块的托盘时要注意平稳。

你看到了什么?

可以看到，烧杯中形成了"云"。在实验中，温水作为水蒸气的来源，让烧杯中充满了水蒸气。燃烧的火柴产生了烟尘，也就是"凝结核"。水蒸气遇到冷的托盘，就以"凝结核"为核心，变成了许许多多的小水滴。这些小水滴聚集在一起，就成了我们看到的"云"。

认识气候

气候是指一个地区大气的多年平均状况，主要的气候要素包括光照、气温和降水等，其中降水是一个重要的要素。

我们常说的气候变化，是指气候平均状态随时间的变化。气候变化主要表现为全球气候变暖、酸雨、臭氧层破坏等。

太阳辐射的变化、地球轨道的变化、火山活动、大气与海洋环流的变化是造成全球气候变化的自然因素。而人类活动，是造成目前以全球变暖为主要特征的气候变化的主要原因。

人类活动对气候的影响：一是改变下垫面的性质；二是改变大气中的某些成分(碳和尘埃)；三是人为地释放热量。这些影响的效果又互相不同，有的增暖，有的冷却，有的变干。

建立人与自然和谐相处、协调发展的关系，是人类生存与发展的必由之路。《联合国气候变化框架公约》是 1992 年 5 月 22 日联合国政府间谈判委员会就气候变化问题达成的公约，是世界上第一个为全面控制二氧化碳等温室气体排放、应对全球气候变暖给人类经济和社会带来不利影响的国际公约，也是国际社会在应对全球气候变化问题上进行国际合作的一个基本框架。

认识气候

我国的温度带
- 寒温带
- 中温带
- 暖温带
- 亚热带
- 热带
- 高原气候区

气候变暖的危害
- 海平面升高
- 极端天气频发
- 人类健康遭到威胁
- 生物链断裂
- 物种习性改变

我国气候的主要特征
- 大陆性季风气候显著
- 气候类型复杂多变

地方性小气候
- 山地气候
- 坡地气候
- 谷地气候
- 高原气候

我国的气候带
- 高山高原气候
- 温带大陆性气候
- 温带季风气候
- 亚热带季风气候
- 热带季风气候

全球性气候异常现象
- 厄尔尼诺现象
- 拉尼娜现象

气候变化可能带来的影响
- 沙漠细菌灭绝
- 全球变暖
- 人体过敏加剧
- 火山爆发频繁
- 海洋变暗

我国的温度带

气候复杂多样，是我国气候的主要特征之一。我国国土辽阔，地形复杂，具体表现为：以山地、高原地形为主，丘陵平原为辅，地势西高东低，呈三级阶梯状分布。同样的地形条件下，海拔的高度不同，气温有很大的差异，海拔越高，气温越低。从气温上来说，我国主要有五个温度带和一个高原气候区：

寒温带 主要分布在内蒙古的东北部、黑龙江的最北部。

中温带 主要分布在黑龙江、内蒙古自治区、吉林、辽宁、河北、北京、山西、陕西、宁夏回族自治区、甘肃、新疆维吾尔自治区。

暖温带 主要分布在辽宁、河北、北京、天津、山东、山西、陕西、河南、江苏、安徽、宁夏回族自治区、甘肃、新疆维吾尔自治区。

亚热带 主要分布在江苏、安徽、河南、陕西、甘肃、四川、西藏自治区、重庆、湖北、浙江、上海、湖南、江西、贵州、云南、福建、台湾省、广东、广西壮族自治区。

热带 主要分布在海南、云南、台湾省。

高原气候区 主要分布在西藏自治区、新疆维吾尔自治区、青海、甘肃、四川、云南。

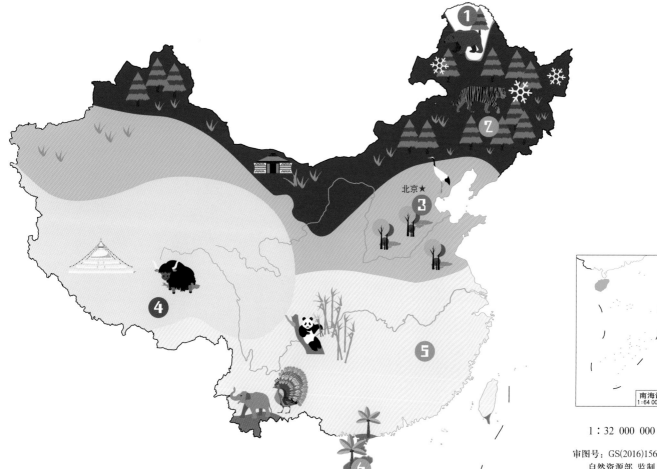

1 寒温带

分布在黑龙江北部和内蒙古自治区东北角上的一小块地方。

代表城市：黑龙江漠河

2 中温带

东北大部、西北、华北北部。

代表城市：吉林长春

3 暖温带

华北、西北南部秦岭—淮河以北地区。

代表城市：北京

4 高原气候区

青藏高原地区。

代表城市：西藏拉萨

5 亚热带

秦岭—淮河以南的大部分地区，除了海南、云南南部、台湾南部、雷州半岛。

代表城市：江西南昌

6 热带

雷州半岛、海南岛、云南南部、台湾南部。

代表城市：海南海口

65

我国气候的主要特征

我国幅员辽阔，跨纬度广，气候成因复杂，主要特征可以概括为两个主要方面，一是气候类型复杂多变，二是大陆性季风气候显著。

大陆性季风气候显著

我国是世界上季风气候最显著的区域之一。冬季受亚洲高压的控制，盛行寒冷、干燥的偏北离陆风，夏季则受西北太平洋副热带高压的控制，盛行由海上来的潮湿、温暖的偏南气流，温湿多雨。

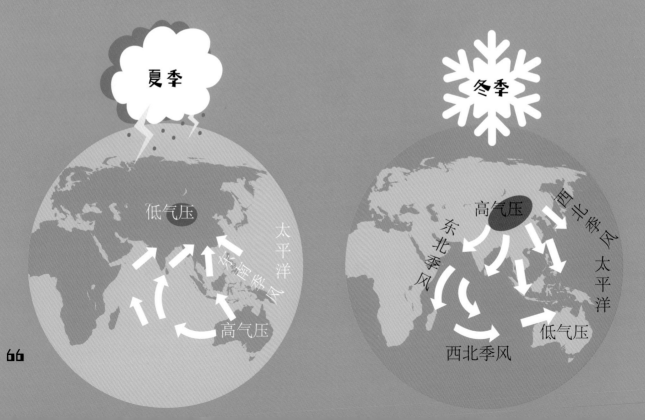

气候类型复杂多变

我国地域辽阔，南北跨度大，具有热带、亚热带和温带等多种热量带。这是致使我国气候类型复杂多样的主要基础原因。

我国位于世界最大的大陆——亚欧大陆的东部，同时又濒临世界最大的大洋——太平洋，海陆热力差异突出，对我国气候产生了深刻的影响。从东南沿海往西北内陆，气候的大陆性特征逐渐增加，依次出现湿润、半湿润、半干旱、干旱的气候区，这是我国西北地区特别干旱、植被稀疏的根本原因之一。

以上两个因素构成了我国气候总的分布趋势，而复杂的地形作用则使各地的局地气候都有各自的特征。一方面，地形对低层气流有屏障作用，阻滞水分和热量的重新分配，改变了水热的分布。另一方面，水热状况随地形海拔的变化，形成气候的垂直变化，使山顶和山麓的气候有显著的不同。我国一系列的东西走向的山脉，成为了气候的水平分界线。例如，秦岭山脉是我国气候上的重要分界线，冬季，它削弱了北方冷空气的南下，使秦岭北侧和南侧气候有显著差异。又如，南岭也是我国气候的一条重要界线，冬季南下的冷空气受阻于北坡。

地方性小气候

"人间四月芳菲尽，山寺桃花始盛开"。诗中描绘了庐山山下四月份花朵已经凋谢，而山上寺庙里的桃花才刚刚盛开的景象。这种同一大范围内的不同气候状况，平原和山区的显著差异，称作地方性气候，也叫"小气候"。山地气候通常指受海拔高度和山脉地形的影响所形成的一种地方性小气候。海拔高度、山脉走向、坡向和地形是影响山地气候要素的主要原因。谚语"一山有四季"，说明小气候特征在山区表现特别明显。山地气候最基本的气候类型有四个，即山地气候、谷地气候、坡地气候和高原气候。

山地气候

泰山具有明显的山地气候特征。泰山主峰玉皇顶的海拔高度为 1532.7 米，气势雄伟磅礴，泰山顶的气候与泰莱平原的气候迥然不同。因其高度不同，气候也具有明显的垂直变化的高山气候特征：山下为暖温带季风气候，山顶为中温带季风气候。

泰山极顶的高山气候特征

高山顶既有强烈的雷电、大风、暴雨、大雾等灾害性天气，也孕育了独特壮丽的自然景观，如泰山四大奇观——旭日东升、晚霞夕照、泰山佛光、云海玉盘。

坡地气候

　　一天之内看尽从播种到收割的四季。

　　6月份，从四川北部阿坝出发下山，经过海拔3600米的地方时，那里的山沟里还有冰雪；再下山走到海拔2700米的米亚诺地方，那里小麦已经返青；再往下到海拔1500米处时，地里的小麦将近黄熟了；而在海拔1360米的茂汶县，小麦已开镰收割；当晚间到达海拔780米的川西平原上的灌县时，小麦已收割完毕了。

海拔 2700 米

海拔 1500 米

海拔 1360 米

海拔 780 米

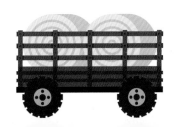

气候变暖

　　气候变暖是一种和自然有关的现象。大气中有一些温室气体，就像是一层厚厚的玻璃，将地球变成了一个大温室，这就是温室效应。温室效应不断积累，导致大气和海洋温度上升，造成全球气候变暖。全球气候持续变暖一方面是"排放得多"，另一方面是"吸收得少"。

　　常见的温室气体包括水蒸气、二氧化碳等。近年来全球变暖的元凶就是二氧化碳含量的不断增加。人类在呼吸过程中吸入氧气，呼出二氧化碳。从古至今，人类总量的增长速度不断加快，如今已有几十亿人口。这样一来，仅仅是人类自身呼吸排放的二氧化碳量，就十分惊人了。

　　除此之外，从工业化时代开始，人类大量使用煤炭、石油等矿物燃料进行生产和生活活动，在这个过程中排放出了大量的二氧化碳。植物可以通过光合作用吸收空气中的二氧化碳，释放氧气，因此，森林又被称为"地球之肺"。随着人口的增加，人们需要拓展自己的生存空间，大量的森林和草原变成了城市，地球上的植被越来越少，这更增加了二氧化碳等温室气体的含量。温室气体增多了，地球上的"温室效应"就会加剧。

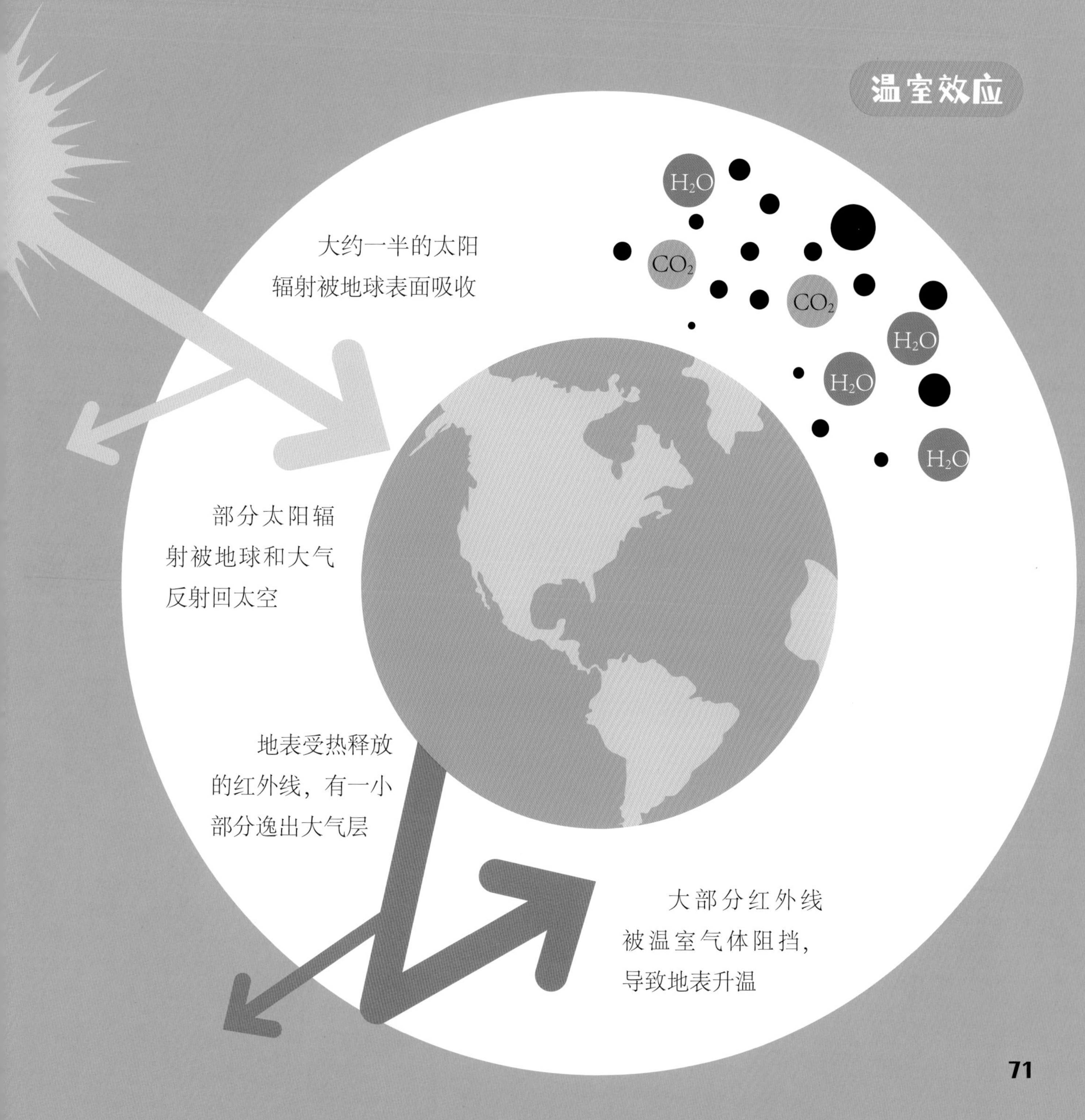

大约一半的太阳辐射被地球表面吸收

部分太阳辐射被地球和大气反射回太空

地表受热释放的红外线，有一小部分逸出大气层

大部分红外线被温室气体阻挡，导致地表升温

H_2O

CO_2

CO_2

H_2O

H_2O

H_2O

气候变暖的危害

在全球气温的不断攀升下，人类生存也受到影响。海平面升高、极端天气频发、生物链断裂等是全球变暖危害的显著表现。

海平面升高

温度上升导致冰山消融，海平面升高，低海拔地区被淹没，沿海土地盐渍化，生态环境遭到破坏。图瓦卢这个岛国已经准备举国迁移，而夏威夷、马尔代夫等岛屿，也面临着消失的风险。

极端天气频发

对于海上，温度升高会导致超大型台风、飓风、海啸的发生，给人类的生命安全带来巨大的威胁。对于陆地，温度升高会带走大量的水分，导致干旱，山火和城市火灾的发生频率也逐步增加。被带走的水分导致雨季延长，水灾增多。

人类健康遭到威胁

温度的升高会对人体的生理机能造成影响，生病频率大大增加。各种生理疾病将快速蔓延，甚至滋生出新疾病。极端天气和气候事件会扩大疫情的流行。

生物链断裂

地球气温的升高会导致南极洲的环境改变，生活在这里的帝企鹅因无法适应新环境，会慢慢消亡。一旦帝企鹅消失，作为帝企鹅食物的生物数量会异常增加；而吃帝企鹅的鲨鱼、海豹、虎鲸等生物失去了一条重要的食物来源，捕食会变得更加困难，甚至会面临灭绝的危机。

在海洋里，海水温度的上升破坏了大量珊瑚礁，而珊瑚礁是很多海洋生物的栖息地。在陆地上，全球变暖会导致蜜蜂数目的大量减少，进而影响植物传粉，使庄稼减产。

物种习性改变

生活在中国长江流域的濒危动物扬子鳄，受到气候变暖的影响，近些年产卵时间平均提前了 8 ~ 10 天。如果食物来源无法同步提前，野生扬子鳄很可能会面临食物短缺的困境。生活在江南地区的蓝地蛱蝶，在本应十分寒冷的隆冬时分，却感受到了外面的温暖，于是破茧"化"蝶。如果寒潮来袭，大量的蓝地蛱蝶就会在寒冷的环境中被冻死。

全球性气候异常现象

厄尔尼诺现象

厄尔尼诺现象造成印度尼西亚、菲律宾、澳大利亚北部地区干燥少雨，甚至出现旱灾。

厄尔尼诺现象影响南美洲西部的秘鲁和智利北部地区，使其降水增多，甚至出现洪涝灾害。

风　　　　　　　　风

下降气流　　上升气流　　下降气流

大洋西岸
亚洲东南部

很暖
28℃
暖
24℃
凉

减少了冷水的上升流

大洋东岸
南美洲西部

厄尔尼诺现象是指近太平洋东部和中部海洋表面水温大范围持续异常增暖、鱼群大量死亡的现象。拉尼娜现象是和厄尔尼诺相反的现象，指赤道附近太平洋东部和中部海洋表面水温大范围持续异常变冷的现象。

拉尼娜现象

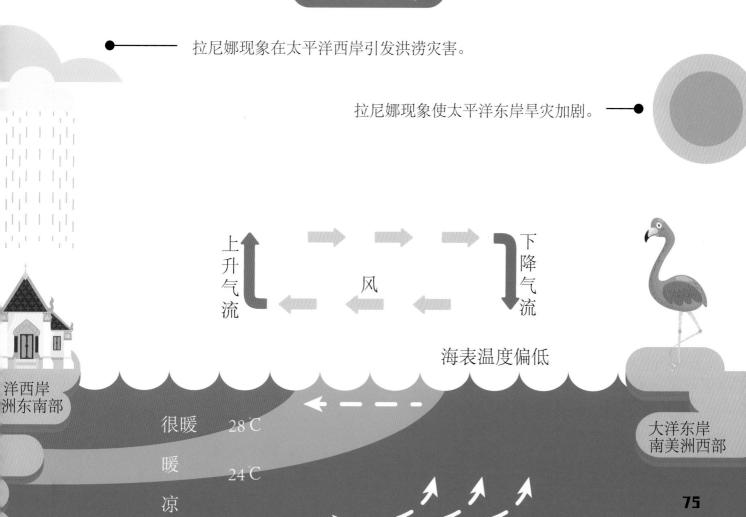

拉尼娜现象在太平洋西岸引发洪涝灾害。

拉尼娜现象使太平洋东岸旱灾加剧。

上升气流　　风　　下降气流

海表温度偏低

洋西岸
洲东南部

很暖　28℃

暖

凉　24℃

大洋东岸
南美洲西部

气候变化可能带来的影响

气候变化的影响是全方位的，正面和负面影响并存，但它的负面影响更受关注。

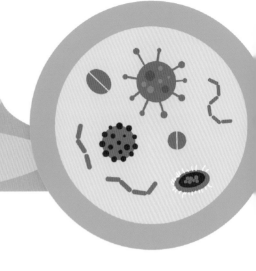

沙漠细菌灭绝

由于气候变化导致温度变得不稳定，沙漠细菌可能很难适应，因而无法形成厚厚的细菌群硬结皮，即生物结皮，导致荒漠土更容易受到侵蚀。

全球变暖

近几十年来，随着人口的急剧增加，工业的迅速发展，城市化进程加快，森林被大量砍伐，人类活动引起大自然排放的二氧化碳及甲烷、臭氧、氯氟烃、水汽等温室气体显著增加，导致温室效应不断增加。

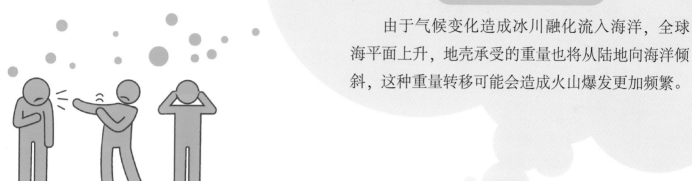

火山爆发频繁

由于气候变化造成冰川融化流入海洋，全球海平面上升，地壳承受的重量也将从陆地向海洋倾斜，这种重量转移可能会造成火山爆发更加频繁。

人体过敏加剧

由于气候变暖造成春天过早到来，引起过敏的花粉过早飘浮在空气中，这将增加每年花粉的总量，让过敏人群症状加剧。

海洋变暗

气候变暖将给世界一些地区带来更多降水或融化的雪水，让河水水流更大，卷起更多淤泥和碎屑，最终流入海洋，使海洋变暗，导致当地生态系统发生变化。

保护我们生活的家园

2021 年 10 月 31 日，第 26 届联合国气候变化大会在英国格拉斯哥开幕。近 200 个国家和地区的代表参与了此次会议。会议重点围绕《巴黎协定》实施细则遗留问题，集中讨论如何确保在本世纪中叶实现全球净零排放，强化适应措施、建立起有韧性的社区和生态系统，动员足够的气候资金、支持全球气候行动，以及确定《协定》实施细则，并积极寻求全球协作。

大会召开前，我国先后发布《中共中央国务院关于完整准确全面贯彻新发展理念做好碳达峰碳中和工作的意见》《2030 年前碳达峰行动方案》以及《中国应对气候变化的政策与行动》白皮书。中国代表团在本届大会上以建设性的态度与有关各方积极沟通磋商，贡献了中国智慧和中国方案，发挥了负责任大国作用。

碳达峰

碳达峰是指在某一个时间点，二氧化碳的排放达到峰值不再增长，之后逐步回落。碳达峰是二氧化碳排放量由增转降的历史拐点，标志着碳排放与经济发展不再挂钩。中国将采取更有力的政策和举措，二氧化碳排放力争于 2030 年前达到峰值。

碳中和

碳中和是指国家、企业、产品、活动或个人在一定时间内直接或间接产生的二氧化碳或温室气体排放总量，通过植树造林、节能减排等形式，以抵消自身产生的二氧化碳或温室气体排放量，实现正负抵消，达到相对"零排放"。中国努力争取 2060 年前实现碳中和。

践行"双碳"可以从这些事做起

实施碳达峰与碳中和，倡导人们采取绿色、环保、低碳的生活方式。加快降低碳排放步伐，有利于引导绿色技术创新，提高产业和经济的全球竞争力。我国持续推进产业结构和能源结构调整，大力发展可再生能源，在沙漠、戈壁、荒漠地区加快规划建设大型风电光伏基地项目，努力兼顾经济发展和绿色转型同步进行。

人工造风实验

纸盒（三面开孔）　玻璃纸　线香　火柴　蜡烛

实验步骤

1. 如右下图所示，组装纸盒并用双面胶固定（纸盒左侧暂时不闭合），玻璃纸粘贴在纸盒正面的开口处。

2. 把蜡烛从左侧的开口处放进纸盒内，正对上方的圆孔，用火柴点燃蜡烛，合上左侧的开口。

3. 点燃线香，待出现明显的烟雾后，把线香放在右侧的圆孔附近。

4. 观察纸盒中出现的现象并填写观察记录卡。

注意事项

1. 要在大人的协助下使用火柴。

2. 小心不要被燃烧的线香和蜡烛烫到。

3. 实验结束后，必须把线香燃烧的部分放到水中，确保熄灭。

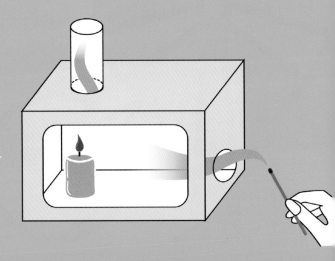

知识点

_____

_____

_____

_____

_____

_____

　　在实验中，燃烧的蜡烛会加热蜡烛上方的空气。这些空气由于受热，温度升高，体积膨胀，不断向上运动。此时，蜡烛四周相对冷的空气，就会来补充蜡烛底部的空气，形成从蜡烛四周到蜡烛底部、再从蜡烛底部到上部的空气流动，这就形成了风。

常见气象灾害

　　气象灾害是指因天气或气候异常而引起的灾害，常对人类的生命财产和国民经济建设及国防建设等造成直接或间接的损害，是自然灾害中的原生灾害之一，一般包括天气、气候灾害，气象次生、衍生灾害。气象灾害是自然灾害中最为频繁而又严重的灾害。需采取相应的预防预警和减灾措施。

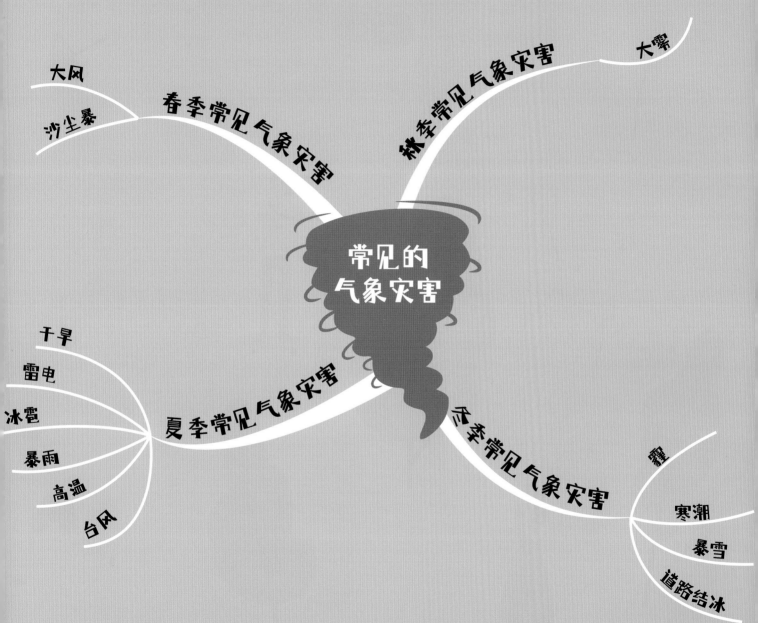

常见的
气象灾害

春季常见气象灾害
大风
沙尘暴

秋季常见气象灾害
大雾

夏季常见气象灾害
干旱
雷电
冰雹
暴雨
高温
台风

冬季常见气象灾害
霜
寒潮
暴雪
道路结冰

85

春季常见气象灾害

大风

什么样的风才算是大风?

近地面层风力达 8 级（平均风速 17.2 米 / 秒）或以上的风称为大风。

大风天气外出时做好防护工作，要注意戴口罩、纱巾等防尘用品，以免沙尘对眼睛和呼吸道系统造成损伤。

停止露天活动和高空等户外危险作业。

扫一扫，看视频

遇见大风我们该怎么办？

一些老树干已枯死，根基不牢，有可能在大风天气被刮倒，对行人造成危险，应远离。

小心高空坠物。不要在广告牌、临时搭建物下面逗留、避风。

大风的危害有哪些？

大风不仅能摧毁房屋、庄稼、树木和通信设施，而且会引起飞沙走石、沙丘移动、良田被吞没等，大大影响人们的正常生产和生活。

大风的预警信号

在露天公共场所，应向指定地点疏散。

沙尘暴

什么是沙尘暴?

    沙尘暴是强风将地面大量尘沙吹起使空气特别混浊,水平能见度小于 1000 米的天气现象。

不是所有的沙尘天气都叫沙尘暴

    在气象学上,按照影响由轻到重,沙尘天气分为 5 类:浮尘、扬沙、沙尘暴、强沙尘暴、特强沙尘暴。

沙尘暴多发地区

　　沙尘暴在我西北部和北部地区多有发生，新疆维吾尔自治区、青海、甘肃大部分地区、宁夏回族自治区、内蒙古自治区中西部、陕西北部、山西北部七省区是我国受沙尘影响最频繁地区。除此之外，在华北、黄淮、东北等地也可见沙尘暴天气。

沙尘暴造成的影响

　　沙尘暴天气会造成空气质量下降，严重污染环境，破坏作物生长，影响人们日常生活；沙尘暴还可造成房屋倒塌、交通供电受阻或中断、火灾、人畜伤亡等，对生态环境及部分设施农业也会造成一定影响。

遇见沙尘暴怎么办？

1. 补充水分　　2. 保持湿度　　3. 做好遮挡　　4. 行车减速

沙尘暴的预警信号

夏季常见气象灾害

暴雨

暴雨是指 24 小时内降水量达到或超过 50 毫米的强降水天气现象，时常夹杂着大风，是一种常见的气象灾害。

遇到暴雨我们该怎么办？

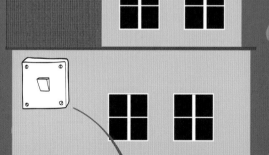

在户外远离广告牌、电线、路灯。

如洪水进屋应拉电闸，迅速向高处转移。

暴雨天出行不要驾车，车辆被困迅速逃离。

我国暴雨多发时段

我国暴雨多出现在 4～9 月，不同地域暴雨多发时段不同。南方地区雨季时间长，在珠江流域和长江流域 5～8 月为暴雨多发月；北方地区雨季短，暴雨多出现在 7 月和 8 月，其他月份暴雨很少或不出现。

暴雨的预警信号

 暴雨
蓝 RAINSTORM

暴雨
黄 RAINSTORM

 暴雨
橙 RAINSTORM

暴雨
红 RAINSTORM

被困时，别盲目涉水撤离，爬到高处固定好。

在户外看到坑洼、井盖要躲开。

报警时找好参照物，说清楚所处位置。

高温

高温是指日最高气温达到或超过35℃时的天气现象。连续高温会使人体产生不适而影响生理、心理健康，甚至引发疾病或死亡。

高温天气怎样解暑？

- 适量进行体育锻炼，提高人体适应高温环境的能力。
- 使用空调、电扇，以改善室内闷热环境。
- 高温天气宜吃咸食，多饮凉茶、绿豆汤等，以补充因出汗失去的水分、盐分。
- 浑身大汗时应先擦干汗水，稍事休息后再用温水洗澡。

35℃　高温黄色预警

连续三天日最高气温将在35℃以上。

此时，浅静脉扩张，皮肤冒汗，心跳加快，血液循环加速。年老体弱散热不良者，需要配合局部降温，或启动室内空调降低人体温度。

| 30℃ | 31℃ | 32℃ | 33℃ | 34℃ | 35℃ |

30℃

生理学家研究认为，30℃左右是人体感觉最佳的环境温度，也是最接近人皮肤的温度。

33℃

在这种温度下工作2～3小时，人体"空调"——汗腺就开始启动，通过微微出汗散发体内的热量。

高温的预警信号

扫一扫，看视频

38℃

气温升至 38℃，人体汗腺排汗已难以确保正常体温，不仅肺部急促"喘气"以呼出热量，就连心脏也要加快速度，输出比平时多 60% 的血液至体表，参与散热。这时，需要采取降温、药物治疗等措施，不可有丝毫的松懈。

40℃　高温红色预警

24 小时内最高气温将升至 40℃ 以上。

37℃　高温橙色预警

24 小时内最高气温将升至 37℃ 以上。

36℃　　37℃　　38℃　　39℃　　40℃　　41℃

36℃

达到这个温度，人体通过蒸发汗水散发热量进行"自我冷却"，每天要排出汗液和钠、维生素及其他矿物质，血容量也随之减少。此时，要及时补充含盐、维生素及矿物质的饮料，以防体内电解质紊乱，同时还应启动其他降温措施。

39℃

汗腺疲于奔命地工作，高温易引发心脏病、脑血管等疾病，甚至导致猝死。

41℃

排汗、呼吸、血液循环……人体一切能参与降温的器官，在开足马力后已接近强弩之末，对体弱多病的患者和老年人来说，这是一个"休克温度"，一定要特别小心。

雷电

雷电是伴有闪电和雷鸣的一种云层放电现象。雷电常伴有强烈的阵风和短时强降水,有时还伴有冰雹和龙卷风。雷电灾害经常导致人员伤亡,还可能导致供配电系统、通信设备、民用电器的损坏,引起森林火灾,仓储、炼油厂、油田等燃烧甚至爆炸,造成重大的经济损失和不良社会影响。

建筑物上有无线电设备,而又
没有避雷器和没有良好接地的地方。

缺少避雷设备的高
大建筑物,储藏罐。

烟囱

哪些地方易遭雷击?

扫一扫，看视频

雷雨天气在户外我们要怎么做？

不宜驾驶摩托车、
自行车

远离树木
电线杆

不宜进行
户外球类运动

不宜使用
有金属尖端的雨伞

切勿游泳或
其他水上运动

不要钓鱼

雷雨天气在室内我们要怎么做？

关闭并远离门窗

不接打电话

不使用
太阳能热水器洗澡

不要使用电器

潮湿或空旷地
区的建筑、树木等。

没有良好接
地的金属屋顶。

雷电的预警信号

95

冰雹

冰雹属强对流天气现象，夏季或春夏之交常见，是我国严重的气象灾害之一。

冰雹冲击力有多大？

一般来说，鸡蛋大小的冰雹，重量差不多 30 克左右。在不考虑上升气流和空气阻力的影响下，当它从 1000 米高空落到地面时，相当于 3 千克物体从 10 米左右高度下落，差不多等于从 3 层楼高地方丢下带土的花盆砸向人或车……这只是一个冰雹，如果我们在户外遭遇冰雹，可能是若干个"花盆"从天而降。

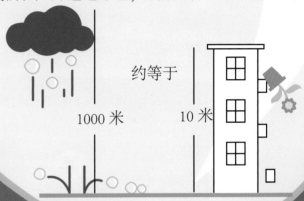

约等于

1000 米　　　10 米

冰雹个头有多大？

 直径 2 ～ 5 毫米
白色或乳白色固体称作霰

 直径达到 5 毫米以上称作雹

 80% ～ 90% 的冰雹
直径小于 3 厘米

 最大冰雹
直径 11.5 厘米

冰雹来了怎么办？

寻找遮挡物 遭遇冰雹要迅速进入室内，或到坚固的遮挡物下躲避。如果没有合适的遮挡物，背对风蹲下，双手抱头，保护头部、胸部、腹部不受到袭击。

远离易碎品 躲避时要观察四周是否有易碎的危险品，以免被砸到。同时注意远离窗户。

谨防触电 躲避时要远离照明线路，高压线、变压器等，以防发生触电。

扫一扫，看视频

冰雹的预警信号

冰雹能造成什么灾害？

我国是冰雹灾害较为严重的国家之一。冰雹灾害带来的最大影响就是对农业的危害，蔬菜、花卉、果树等较为脆弱的农作物在冰雹天气中所受的危害尤为巨大。此外，冰雹伤人的案例在中国也屡见不鲜。在一些极端天气中，拳头大的冰雹从高空降落，对人们的生命安全造成严重威胁。

台风

台风是发生在热带海洋上的一种具有暖中心结构的强烈气旋性涡旋，总是伴有狂风暴雨，常给受影响地区造成严重的灾害。

我国和东亚地区将这种强热带气旋称为台风，大西洋地区称为飓风，印度洋地区称为热带风暴。

台风的风力大于或等于32.7米/秒。

不要到台风经过的地区旅游或海滩游泳，更不要乘船出海。

如台风加上打雷，则要采取防雷措施。

关紧并加固门窗，紧固易被风吹动的搭建物。

及时收听、收看或上网查阅台风预警信息，了解政府的防台行动对策。

天气预报

检查电路、煤气等设施是否安全。

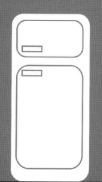

从危旧房屋中转移至安全处。处于低洼地区的人要及时转移。

台风的预警信号

蓝 TYPHOON
台风

黄 TYPHOON
台风

橙 TYPHOON
台风

红 TYPHOON
台风

干旱

干旱是指长期无雨或少雨，使土壤水分不足、作物水分平衡遭到破坏而减产的气象灾害。干旱亦指淡水总量少，不足以满足人的生存和经济发展的气候现象，一般是长期的现象。

干旱造成农作物减产，使农业歉收。

干旱有几种类型？

气象干旱

指某时段内，由于蒸发量和降水量的收支不平衡，水分支出大于水分收入而造成的水分短缺现象。

水文干旱

由于降水的长期短缺而造成某段时间内，地表水或地下水收支不平衡，出现水分短缺，使江河流量、湖泊水位、水库蓄水等减少的现象。

干旱对我们有什么影响?

干旱使草场植被退化，对
生态环境非常不利。

冬春季的干旱还容易引发森林火灾和草原火灾。

干旱导致河流水位下降、部分干涸或断流。

农业干旱

在作物生育期内，由于土
壤水分持续不足而造成的作物
体内水分亏缺，影响作物正常
生长发育的现象。

101

秋季常见气象灾害

大雾

　　大雾是指由于近地层空气中悬浮的无数小水滴或小冰晶造成水平能见度不足 500 米的一种天气现象，水平能见度低于 1000 米就称为雾。

　　大雾是对人类交通活动影响最大的天气之一。有雾时能见度大大降低，很多交通工具都无法使用。大雾天空气的污染比平时要严重得多，对人体健康不利。

大雾的预警信号

遇到大雾天气我们应该如何做？

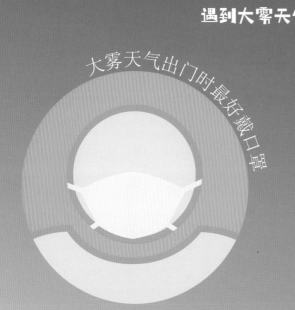

大雾天气出门时最好戴口罩

大雾天气外出回来后应立即清洗裸露的肌肤

大雾天气司机应小心驾驶，需打开雾灯

大雾天气开车时要与前车保持足够的制动距离，并低速慢行

冬季常见气象灾害

霾

　　霾是指大量极细微的干尘粒等均匀地浮游在空中，使水平能见度小于 10000 米的空气普遍混浊现象。霾一般呈黄色或橙灰色，常使物体的颜色减弱，使远处光亮物体微带黄红色，而黑暗物体微带蓝色。

雾和霾的区别

● 能见度范围不同。大雾的水平能见度小于 1000 米，霾的水平能见度小于 10000 米。

● 相对湿度不同。雾的相对湿度大于 90%，霾的相对湿度小于 80%；相对湿度介于 80% ～ 90% 的时候，是雾和霾的混合物，但主要区别要看水平能见度，如果水平能见度在 1000 米以内，就是雾，水平能见度在 1000 ～ 10000 米的为霾。

● 厚度不同。雾的厚度只有几十米至 200 米，霾的厚度可达 1000 ～ 3000 米。

● 边界特征不同。雾的边界很清晰，过了雾区可能就是晴空万里，但是霾与晴空区之间没有明显的边界。

● 颜色不同。雾的颜色是乳白色、青白色，霾则是黄色、橙灰色。

● 日变化不同。雾一般在午夜至清晨最易出现；霾的日变化特征不明显，当气团没有大的变化，空气较稳定时，持续出现时间较长。

霾的成因

在水平方向上静风现象增多

近年来随着城市建设的迅速发展，大楼越建越高，阻挡和摩擦作用使风流经城区时明显减弱。静风现象增多，不利于大气污染物的扩散，却容易在城区和近郊区周边积累。

垂直方向上出现逆温

逆温层好比一个锅盖覆盖在城市上空，这种高空的气温比低空气温更高的逆温现象，使得大气层低空的空气垂直运动受到限制，导致污染物难以向高空飘散而被阻滞在低空和近地面。

空气中悬浮颗粒物增多

近些年来随着城市人口的增长和工业发展，机动车辆猛增，使得污染物排放和城市悬浮物大量增加，直接导致了能见度降低，使得整个城市看起来灰蒙蒙的。

霾的预警信号

黄 HAZE   橙 HAZE

暴雪

　　暴雪是指 24 小时内降雪量（融化成水）超过 10 毫米以上的雪，是一种自然天气现象。暴雪及其伴随的大风降温天气，严重影响甚至破坏交通、通信输电线路等生命线工程，使城市断电、断水，积雪压塌建筑物，冻死冻坏农作物、牲畜，造成严重灾害。

扫一扫，看视频

遇到暴雪应该怎么办？

● 如是危旧房屋，要及时撤出。

● 机场、高速公路、轮渡码头可能会停航或封闭，居民出行前要及时收听、收看气象部门发布的暴雪预警信息，以便根据需要取消和调整出行计划。

● 外出时，要采取防寒保暖和防滑措施。

● 接近广告牌、屋檐、大树等处时，要小心观察或绕道通过，以免因冰雪融化脱落伤人。

● 非机动车应给轮胎少量放气，以增加轮胎与路面的摩擦力。

● 如果积雪过深，应及时清扫屋顶和棚架等易被雪压的搭建物，以免被雪压塌。

暴雪的预警信号

道路结冰

如果地面温度低于 0℃，道路上会出现积雪或者结冰现象。

道路结冰分为两种情况：一种是降雪后立即冻结在路面上形成道路结冰；另一种是在积雪融化后，由于气温降低而在路面形成结冰。

道路结冰是交通事故的罪魁祸首。

遇到道路结冰应该怎么办?

司机应注意路况，减速慢行,不要猛刹车或急拐弯，小心驾驶。

道路结冰的预警信号

出门最好穿防滑鞋，最好不骑自行车、电动车。

不要在有结冰的操场或空地上玩耍。行人要注意远离或避让机动车和非机动车辆。

寒潮

寒潮是指快速移动过境的强冷空气，会带来大范围的强降温、强风和强降雪。

寒潮就是冷空气吗？

冷空气入侵后，最低气温在 24 小时内降低 8℃ 及以上，或 48 小时内降低 10℃ 及以上，或 72 小时内降低 12℃ 及以上，且最低气温达到 4℃ 及以下的冷空气活动才能称为寒潮。寒潮是冷空气的一种，并不是所有冷空气都是寒潮，它是冷空气中的"王者"。据强弱程度，我国将冷空气分为四个等级：弱冷空气、较强冷空气、强冷空气和寒潮。

寒潮来了我们应该怎么办？

添衣保暖　　防滑　　防煤气中毒　　关好门窗　　加固室外搭建物

扫一扫，看视频

寒潮对我们有什么影响？

● 剧烈降温使农作物发生冻害。

● 大风、雨雪和降温造成低能见度、地表结冰和积雪，威胁交通安全。

● 若伴随冻雨会导致输电线路中断。

● 大风降温天气容易引发感冒、气管炎以及心脑血管疾病。

寒潮的预警信号

111

图书在版编目（CIP）数据

思维导图说气象·天气的秘密 / 王建忠，牛延秋文；杨芳，王皓图. — 郑州：海燕出版社，2022.12
ISBN 978-7-5350-9049-2

Ⅰ.①思… Ⅱ.①王… ②牛… ③杨… ④王… Ⅲ.①气象学–少儿读物 Ⅳ.①P4-49

中国版本图书馆CIP数据核字（2022）第237565号

思维导图说气象·天气的秘密
SIWEI DAOTU SHUO QIXIANG TIANQI DE MIMI

出 版 人：董中山	责任校对：李培勇
策划编辑：王茂森	责任印制：邢宏洲
责任编辑：王茂森	责任发行：贾伍民

出版发行：海燕出版社
地址：郑州市郑东新区祥盛街 27 号　邮编：450016
网址：www.haiyan.com
发行部：0371-65734522　总编室：0371-63932972
经　销：全国新华书店
印　刷：郑州市毛庄印刷有限公司
开　本：890毫米×1240毫米　1/20
印　张：6
字　数：120 千字
版　次：2022 年 12 月第 1 版
印　次：2022 年 12 月第 1 次印刷
定　价：36.00 元

如发现印装质量问题，影响阅读，请与我社发行部联系调换。